AF702284

FÍSICA DE FLUIDOS

ONDAS DE ROSSBY

Copyright 2009. Rocío González Álvarez

ISBN: 978-1-4092-5572-7

Copyright 2009 Lulu Press Inc.

Todos los derechos reservados.

ÍNDICE

Partiendo de la ecuación de

Navier-Stokes:

$$\frac{Du}{Dt} - fv + \frac{1}{\rho}\frac{\partial p}{\partial x} = 0$$

siendo f el parámetro de Coriolis

$$\frac{Dv}{Dt} - fu + \frac{1}{\rho}\frac{\partial p}{\partial y} = 0$$

$$\frac{Dw}{Dt} + \frac{1}{\rho}\frac{\partial p}{\partial z} + g = 0$$

Junto con la ecuación de continuidad:

$$\frac{D\rho}{Dt} + \rho \vec{\nabla} \vec{U} = 0$$

y la ecuación de estado de los fluidos

ideales: p=RTρ

Tomamos como hipótesis que la atmósfera es un fluido incompresible, por tanto $\vec{\nabla}\vec{U} = 0$ de esta forma reescribimos las ecuaciones anteriores de la siguiente forma

$$\vec{\nabla}\vec{U} = 0$$

$$\frac{D\rho}{Dt} = 0$$

Consideramos la siguiente

dependencia:

$$\rho = \overline{\rho}(z) + \rho'$$

$$\frac{dp_0(z)}{dz} = -g\rho_o$$

$$p = \overline{p}(z) + p'$$

$$\frac{dp'}{dz} = -g\rho'$$

Para introducir esta aproximación en las ecuaciones de Navier-Stokes, ignoramos lo efectos de variación de densidad excepto cuando están acoplados a la gravedad. Esto es:

$$\frac{Du}{Dt} - fv + \frac{1}{\rho_0}\frac{\partial p}{\partial x} = 0$$

$$\frac{Dv}{Dt} - fu + \frac{1}{\rho_0}\frac{\partial p}{\partial y} = 0$$

$$\frac{\partial p'}{\partial z} = -g\rho'$$

$$\frac{\partial u}{\partial x} + \frac{\partial v}{\partial y} + \frac{\partial w}{\partial z} = 0$$

$$\frac{D}{Dt}\left(\frac{-g\rho'}{\rho_0}\right) - \left(g\frac{d\overline{\rho}}{dz}\right)^2 w = 0$$

Para un movimiento geostrófico:

$$u \cong u_g = -\frac{\partial \Psi}{\partial y}$$

$$\Psi = \frac{p'}{\rho_0 f_0}$$

$$v \cong v_g = \frac{\partial \Psi}{\partial x}$$

$$\frac{\partial u_g}{\partial x} + \frac{\partial v_g}{\partial y} = 0$$

Ψ es la función de corriente geostrófica y u_g y v_g las componentes del flujo geostrófico.

Entonces llegamos a la siguiente ecuación:

$$\rho' = -\frac{f_0 \rho_0}{g}\frac{\partial \Psi}{\partial z}$$

donde $\rho_0 = \overline{\rho}(0)$

y $f = f_0 = cte$

Introducimos el concepto de velocidad ageostrófica: es la diferencia entre la verdadera velocidad y el flujo geostrófico:

$$u_a = u - u_g$$
$$v_a = v - v_g$$
$$w_a = w$$

Además debemos tener en cuenta que el parámetro de Coriolis tiene variaciones en y:

$$f = f_0 + \beta y$$

Introduciendo todo ello en las

ecuaciones de Navier-Stokes:

$$(1) D_g u_g - f_0 v_a - \beta y v_g = 0$$

$$(2) D_g v_g - f_0 u_a - \beta y u_g = 0$$

$$(3) \frac{\partial u_a}{\partial x} + \frac{\partial v_a}{\partial y} + \frac{\partial w_a}{\partial z} = 0$$

$$(4) D_g\left(-\frac{g\rho'}{\rho_0}\right)+{N_B}^2 w_a=0$$

donde $$D_g=\frac{\partial}{\partial t}+u_g\frac{\partial}{\partial x}+v_g\frac{\partial}{\partial y}$$

y $${N_B}^2=-\frac{g}{\rho_0}\frac{d\overline{\rho}}{dz}$$

Operando con las cuatro ecuaciones anteriores

$$\frac{\partial}{\partial x}(2) - \frac{\partial}{\partial y}(1)$$

y usando (3), llegamos a

$$(5) D_g\left(f_0 + \beta y - \frac{\partial u_g}{\partial y} + \frac{\partial v_g}{\partial x}\right) = f_0 \frac{\partial w_a}{\partial z}$$

Al término entre paréntesis se le conoce como verticidad asociada al flujo geostrófico, teniendo en cuenta el parámetro no constante de Coriolis.

Si usamos $\rho' = -\frac{f_0 \rho_0}{g}\frac{\partial \Psi}{\partial z}$;

despejando $$\frac{g\rho'}{\rho_0} = -f_0 \frac{\partial \Psi}{\partial z}$$

Ahora sustituimos en la ecuación (4)

$$D_g\left(--f_0\frac{\partial\Psi}{\partial z}\right)+N_B{}^2 w_a=0\,;$$

siendo $w_a = D_g\left(\frac{f_0}{N_B{}^2}\frac{\partial\Psi}{\partial z}\right)$

Llevamos lo anterior a la ecuación (5):

$$(6)D_g\left(f_0+\beta y+\frac{\partial^2\Psi}{\partial x^2}+\frac{\partial^2\Psi}{\partial y^2}+\frac{\partial}{\partial z}\left(\frac{f_0{}^2}{N_B{}^2}\frac{\partial\Psi}{\partial z}\right)\right)=0$$

Abreviadamente $D_g q=0$, con q el término entre paréntesis. A q se le denomina vorticidad potencial quasigeostrófica. De la ecuación extraemos que q se conserva.

Las ondas de Rossby son un tipo de ondas atmosféricas que se producen a escalas horizontales de miles de Km y frecuencias de varios días.

Teniendo esto en cuenta, modelamos las ondas de Rossby como una perturbación sobre las ondas geostróficas con la siguiente función

de corriente:

$$\Psi = uy_{geostrófico} + \Psi'_{perturbación}$$

Si ahora sustituimos en la ecuación (6)

y despreciamos los términos

cuadráticos en Ψ´

$$\left(\frac{\partial}{\partial t} + u\frac{\partial}{\partial x}\right)\left[\frac{\partial^2\Psi'}{\partial x^2} + \frac{\partial^2\Psi'}{\partial y^2} + \left(\frac{\partial}{\partial}\left(\frac{f_0{}^2}{N_B{}^2}\frac{\partial}{\partial z}\right)\right)\Psi'\right]$$

$$+\beta\frac{\partial\Psi'}{\partial x} = 0$$

En esta ecuación diferencial probamos una solución del tipo:

$$\Psi' = \operatorname{Re} \hat{\Psi} \exp\left(i\left(kx + ly + mz - wt\right)\right)$$

Obteniendo el siguiente valor para w, relación de dispersión:

$$w = ku - \frac{\beta k}{k^2 + l^2 + \frac{f_0^{\,2} m^2}{N_B^{\,2}}}$$

y para c, velocidad de fase:

$$c = u - \frac{\beta}{k^2 + l^2 + \frac{f_0^{\,2} m^2}{N_B^{\,2}}}$$

donde vemos que las ondas son dispersivas, es decir, la velocidad depende da la longitud de onda.

En el caso de que $u - c \succ 0$, las ondas se mueven hacia el oeste con respecto al fondo.

Si tuviésemos un movimiento independiente de z y sin fondo, la vorticidad potencial podría expresarse de la siguiente forma:

$$q = f_0 + \beta y + \frac{\partial^2 \Psi'}{\partial x^2} + \frac{\partial^2 \Psi'}{\partial y^2}$$

Ya hemos visto antes que q se conserva. Esto nos es de gran ayuda para entender cómo se propagan estas ondas.

Entonces, una gota moviéndose hacia el norte incrementa la cantidad $f_0 + \beta y$, por lo que su vorticidad debe disminuir. Si una gota se mueve hacia el sur su vorticidad aumenta.

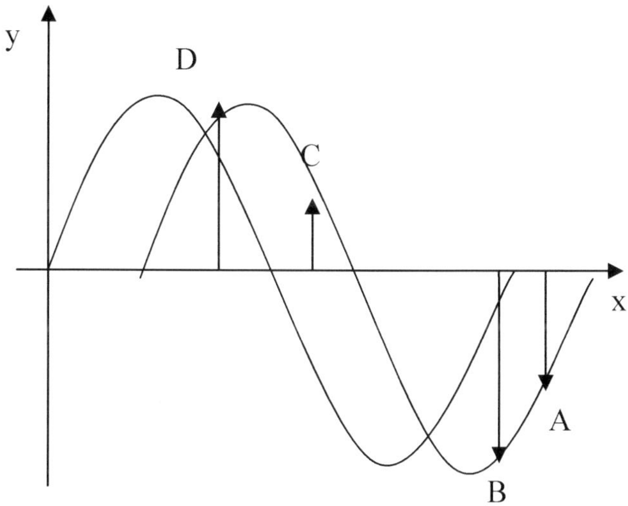
y
D
C
x
A
B

A se mueve hacia el sur, su verticidad aumenta y el giro se produce en sentido antihorario, induciendo el mismo efecto en B. La verticidad de B también aumenta induciendo una rotación antihoraria cerca de B, lo cual hace que C se mueva hacia el sur y A hacia el norte.

Aplicando el mismo razonamiento a cada gota, encontramos que, después de un corto intervalo de tiempo, la figura de las gotas se va moviendo hacia el oeste con respecto a la posición inicial, aunque cada gota oscila de norte a sur.

En un movimiento geostrófico, los gradientes de presión horizontal están compensados con la Fuerza de Coriolis. Las componentes de la velocidad en un flujo geostrófico son perpendiculares al gradiente de presión horizontal. El equilibrio geostrófico se rompe cerca del Ecuador, a una latitud de 3º aproximadamente.

BIBLIOGRAFÍA

"An introduction to atmospheric waves"

David G. Andrews

"An introduction to dynamic meteorology".

Holton, J.R. Academic Press

"Quasi-geostrophic motions in the equatorial area" Matsuno. Met.Soc. Japan

"Some simple solutions for heat-induced tropical circulation"

Gill, A. E. Roy.Meteor. Soc

"Numerical prediction and Dynamic Meteorology"

Haltiener, E. Williams, R.T.

2nd Edition Wiley

"Atmospheric waves" Martin Miller.

European Centre Medium-Range Weather Forecasts

Made in the USA
Monee, IL
11 September 2026

62770611R00020